AF454047

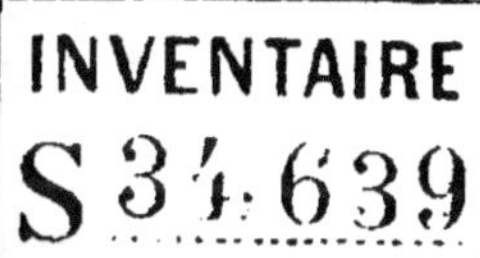

NOUVEAU
MANUEL
DES
CHASSEURS,
PAR C. SOUQUET,
AVOCAT A LA COUR ROYALE DE DOUAI,

AVEC UNE NOTICE
SUR LA
MALADIE DES CHIENS,
PAR ÉVERTS,
MÉDECIN-VÉTÉRINAIRE.

*Prix : 75 centimes *.*

PARIS,
CHEZ PÉLICIER, LIBRAIRE,
PLACE DU PALAIS-ROYAL.

1826.

* Seulement pour les non-souscripteurs.

Nouveau Manuel

DES

Chasseurs.

Arras, Imprimerie de G. SOUQUET,
rue Saint-Maurice, n° 153.

NOUVEAU MANUEL

DES

CHASSEURS,

PAR C. SOUQUET,

AVOCAT A LA COUR ROYALE DE DOUAI,

AVEC UNE NOTICE

SUR LA

MALADIE DES CHIENS,

PAR ÉVERTS,

MÉDECIN-VÉTÉRINAIRE.

PARIS,

CHEZ PÉLICIER, LIBRAIRE,

PLACE DU PALAIS-ROYAL.

—

1826.

NOUVEAU
MANUEL
DES
CHASSEURS.

CHAPITRE PREMIER.

De la Chasse en général.

S'il faut s'en rapporter aux traditions de l'antiquité et aux conjectures de la philosophie (1), la condition primitive de l'homme fut celle d'un animal farouche et grossier.

Jetés sur la terre sans autre sentiment que celui de l'existence, les

(1) Euripide, Cyclop., vers 120 : Lucrèce, livre 5, vers 923 ; Horace, livre 1, sat. 3 vers 99 : Sénèque, de consol. ad marciam, chap. xi.

premiers hommes erraient dans les forêts et disputaient aux bêtes féroces leur vie ou leur proie.

Peu à peu le genre humain se multiplia, la nécessité fit éclore l'industrie, et l'homme s'unissant à l'homme, devint chasseur, brigand, guerrier, agriculteur.

La Chasse qui, de nos jours, est le délassement des gens riches, fut, dans l'origine, un moyen d'existence et le premier degré de perfectionnement social (2) : le brigandage, que toutes les nations devraient proscrire, formait le droit public de cette époque, et était rangé au nombre des moyens d'acquérir (3).

(2) Montesquieu, Esprit des Lois, liv. 18, chap. 8, 11, 13.

(3) Aristote, Politic., liv. 1er, chap. 8. Historia de Latrocinio gentis in gentem, par Jacques Thomasius.

Dispersés dans les bois, sans industrie, sans demeure fixe, mais réunis en troupes passagères, les peuples sauvages furent des peuples chasseurs : tels, au rapport de Thucydide, les premiers habitants de la Grèce; tels, César peint les Gaulois; tels, la plume de Tacite représente les belliqueux Germains; tels encore les peuples nomades de l'Asie (4).

Il est donc incontestable, suivant les principes du droit naturel, que la Chasse est libre; mais les institutions sociales ont modifié depuis longtemps cette liberté indéfinie.

Solon, voyant que le peuple d'Athènes était passionné pour la Chasse, la défendit, tandis qu'après les guer-

(4) Thucydide, liv. 1er, chap. 5. César, de Bello Gallico, liv. 6, chap. 23. Tacite, de Morib. Germ., chap. 46.

res du Péloponèse, Xénophon fit un livre exprès pour inspirer aux jeunes Athéniens le goût de cet exercice qui avait porté si haut la valeur de leurs ancêtres.

Sous les Romains, la Chasse était libre sur toute l'étendue du territoire; mais le citoyen avait la faculté légale d'interdire l'entrée de son champ à l'intrépide chasseur (5).

En France, dans le commencement de la monarchie, la Chasse était également libre : la loi salique contenait néanmoins plusieurs réglements. On ne voit pas précisément en quel temps la liberté de la Chasse commença à être restreinte à certaines personnes, à certains cas; il paraît seulement que, dès le commencement, les

(5) Instit., liv. 2, tom. 1, parag. 12.

grands du royaume en faisaient leur amusement, lorsqu'ils n'étaient pas occupés à la guerre : les Rois avaient déjà un maître-veneur, l'un des quatre officiers de leur maison. Sous la première race, qui n'a entendu dire qu'un fait de Chasse dans les forêts du Roi était un crime ·capital, témoin ce chambellan que Goutran, Roi de Bourgogne, fit lapider pour avoir tué un buffle dans une forêt royale ? Sous la deuxième race, les forêts étaient défensables. Charlemagne enjoignait aux forestiers de les bien garder; les capitulaires de Charles-le-Chauve désignent les forêts où ses commensaux et ses fils ne peuvent même chasser : ces dispenses étaient relatives aux forêts, non à la Chasse en général. Un concile convoqué à Tours, en 813, défend aux ecclésiastiques d'aller *à la Chasse et au bal.*

Vers la fin de la seconde race et au commencement de la troisième, les gouverneurs des villes ou des provinces commencèrent à tenir leurs propriétés en défense, comme elles l'étaient lorsqu'elles appartenaient aux Rois.

Les établissements de Saint-Louis, en 1270, défendaient, sous peine d'amende, de Chasser dans les garennes du seigneur.

Dès-lors, il était défendu aux nobles ou aux roturiers de Chasser dans les forêts du Roi et sur les terres d'autrui en général, mais il n'était pas encore défendu aux roturiers de Chasser sur leurs propres terres.

Charles V, en 1369, accorda à certaines villes des priviléges exceptionnels et dérogatoires. Indépendamment des permissions générales et communes à des collections d'habitants, les Rois accordèrent aux individus des priviléges particuliers.

Les réglements sur la Chasse sont les réglements de 1396, 1515, 1553, 1578, 1601, 1609 et l'ordonnance des eaux et forêts de 1669, au Chapitre des Chasses.

D'après l'ordonnance de 1669, le droit de Chasse était indépendant de la qualité des personnes : nobles, roturiers, tout était de niveau. Pour avoir le droit de Chasse, il fallait avoir fief et justice. Le roturier qui avait fief et justice avait le droit de Chasser, et le noble qui n'avait aucune espèce de seigneurie, était privé de cet avantage. Cependant les gentilshommes avaient élevé la prétention de Chasser sur leurs terres roturières ; mais les tribunaux avaient repoussé cette subtilité.

Les réglements qui défendaient le port-d'armes aux roturiers étaient sans influence à l'égard de ceux qui avaient fief et justice ; ces réglements de police ne pouvaient préjudicier aux droits de propriété.

Ces principes résultaient de l'axiome coutumier : *Qui a fief et justice a le droit de Chasse,* et des dispositions de l'ordonnance de 1669, art. 26, 27, 28.

Nous envisagerons, dans le chapitre suivant, la Chasse sous le rapport de l'économie domestique et de la législation actuelle.

CHAPITRE II.

De la Chasse envisagée sous le rapport de l'économie domestique et de la législation actuelle.

Sous les législations féodales, le droit exclusif de la Chasse était une source d'abus et d'oppression.

Le droit illimité de la Chasse nuirait également à la société tout entière.

La destruction du gibier serait une calamité, puisqu'il offre d'utiles ressources pour la table et pour les travaux de l'industrie.

Mais il est nécessaire de poursuivre sans relâche les animaux carnassiers, dont la chair est sans valeur, et qui, susceptibles d'hydrophobie, peuvent occasioner les plus graves accidents : il faut mettre à prix la tête de ces loups dévorants qui osent, dans les accès de la rage, attaquer l'homme au sein des habitations.

Dans l'intérêt des cultures et de la reproduction du gibier, la loi a limité l'étendue du temps où l'on a la faculté de Chasser ; mais il est des terres particulières, des parcs et des cantons où l'on peut se livrer à la Chasse quand on le désire.

Au printemps, on trouve, à l'aube du matin, le ramier, le lièvre, le lapin, qui se retirent de leur fort et que l'on rencontre encore vers le coucher du soleil. C'est le moment favorable pour suivre le chevreuil, soir et matin, dans les jeunes taillis, ou les cailles, qui fréquentent les champs ensemencés.

L'automne est la saison où le gibier est plus gras et plus délicat : le temps des amours est passé ; les perdreaux sont abondants, et on peut tirer les bêtes fauves ainsi que les oiseaux de marais. L'hiver est la saison la plus productive ; indépendamment des oiseaux d'été, on tire les oiseaux de passage, les canards sauvages, les pluviers, les sarcelles et les bécasses.

Les bécasses ! A ce mot, gastronomes de tous les pays, je vous vois sourire ! Vous vous rappelez avec sensualité ces délicieux pâtés qui immortaliseront la ville de Montreuil, et qui pénètrent dans toutes les parties du monde civilisé. Amis de la table, en perdant le fameux Varenne, vous eussiez fait une perte irréparable, si la belle Françoise, dont j'ai oublié le nom patronymique, n'eût dérobé à son maître le secret des fricassées de poulets, des pâtés de bécasses et de tous les heureux procédés de l'art culinaire !

Vous me pardonnerez, j'ose l'espérer, cette petite digression : soupirs d'amour et souvenirs de reconnaissance ne sont-ils pas toujours excusables ?

Comme exercice du corps, la Chasse se divise en Chasse à pied et en Chasse à cheval. L'une et l'autre offrent des avantages salutaires.

Le chasseur varie à l'infini ses actions et ses attitudes ; il marche, il saute, il se tient debout, il se courbe, il pousse des cris, il éprouve une succession rapide de mouvements divers, il gravit des vallons aux montagnes, il descend des montagnes aux vallées, il change fréquemment d'air, de sol, d'aspect : le chasseur accoutume son corps à une grande et utile variation d'habitudes. Cet amusement ne devrait être réservé qu'aux gens riches, et le chasseur ne doit pas, pour me servir d'un mot de Louis XII, *se laisser dévorer par ses chiens.*

La législation actuelle a un double but : le premier, de permettre aux propriétaires d'exterminer les animaux nuisibles ; l'autre, de favoriser la multiplication du gibier.

CHAPITRE III.

Du Droit de Chasse.

LE droit exclusif de Chasse fut aboli avec la féodalité et les justices seigneuriales par les décrets des 4, 6, 7, 8 août 1789, sanctionnés le 11 novembre de la même année.

La législation actuelle admet une doctrine diamétralement opposée, puisqu'elle pose en principe que le droit de Chasse est un des attributs de la propriété territoriale.

Voici comment s'exprime l'article 3 des décrets précités :

« Le droit exclusif de la Chasse et

des garennes ouvertes est pareillement aboli, et tout propriétaire a le
droit de détruire et faire détruire,
seulement sur ses possessions, toute
espèce de gibier, sauf à se conformer
aux lois de police qui pourront être
faites relativement à la sûreté publique. »

Malgré un texte aussi précis, le célèbre auteur du *Répertoire de Jurisprudence* pense que le droit de Chasse
est encore aujourd'hui considéré
comme un droit que l'autorité souveraine peut accorder, modifier ou
retirer; il fonde cette opinion sur
l'article 715 du Code civil ainsi con-
çu : « La faculté de Chasser est réglée
par des lois particulières. »

L'autorité souveraine ne consiste
que dans la puissance de gouverner,

de régler l'exercice du droit de propriété comme on règle l'exercice de tous les autres droits; mais cette puissance n'autorise pas l'autorité publique à s'attribuer des droits utiles sur les propriétés des citoyens; au citoyen appartient la propriété, au souverain l'empire : *omnia Rex imperio possidet, singuli dominio,* telle est la maxime de tous les publicistes dignes de ce nom.

L'article 715 n'a point abrogé l'article 3 des décrets des 4, 6, 7, 8 et 11 août 1789 : l'article 715 n'est relatif qu'aux mesures de police à prendre dans l'intérêt de la sûreté publique, et le Code civil renvoie perpétuellement aux lois spéciales.

Malheur aux États qui porteraient atteinte à la propriété, base fonda-

mentale de toute association publique !

Le droit de Chasse est donc inhérent à la propriété territoriale.

De ce principe résulte nécessaire-
ment que le propriétaire jouit d'une
entière latitude, à la charge de se
conformer aux lois de police et de
sûreté qui obligent tous ceux qui
habitent le territoire.

L'arrêté par lequel l'administration
fixe l'époque de l'ouverture de la
Chasse doit être publié quinze jours
avant celui où la Chasse sera libre.

C'est une question très controver-
sée que celle de savoir si, dans le si-
lence des baux, le droit de Chasse
appartient au propriétaire ou au fermier. Quoiqu'il existe un arrêt de la
Cour de Paris, il est prudent de

s'expliquer avec clarté sur cette clause.

Un propriétaire peut-il, en vendant un immeuble, se réserver le droit de Chasse? J'inclinerais pour l'affirmative, pourvu que le contrat ne rappelât aucune qualification féodale.

La Chasse appartient aux usufruitiers et aux emphytéotes, à l'exclusion des propriétaires fonciers.

Le père, durant le mariage, comme après sa dissolution, jouit du droit de Chasse sur les biens personnels de ses enfants, jusqu'à l'âge de dix-huit ans accomplis, ou jusqu'à l'émancipation qui pourrait avoir lieu avant cet âge; mais le droit de Chasse ne peut s'étendre aux biens que les enfants peuvent acquérir par une industrie personnelle, ni à ceux qui sont donnés ou légués sous la condition expresse que les pères n'en jouiront pas, ni à ceux formant un majorat. (Code civil, articles 384, 387 ; avis du Conseil d'État, approuvé le 30 janvier 1811.)

Le droit de Chasse n'appartient ni au tuteur ni au curateur ; ce sont de simples administrateurs qui ne peuvent faire acte de propriété.

Sous le régime de la communauté ou du statut dotal, le mari peut jouir du droit de Chasse tant sur les biens propres de sa femme que sur les acquêts.

Mais ce droit cesse d'appartenir au mari, si les époux sont séparés de biens ou mariés sous le régime paraphernal.

Le droit de Chasse n'appartient pas au créancier hypothécaire, mais au créancier à titre d'antichrèse.

CHAPITRE IV.

Des Restrictions apportées au Droit de Chasse.

Il est défendu *à toutes personnes de Chasser, en quelque temps et de quelque manière que ce soit, sur le terrain d'autrui, sans son consentement,* à peine de vingt francs d'amende envers la commune du lieu, et d'une indemnité de dix francs envers le propriétaire des fruits, sans préjudice de plus grands dommages-intérêts, s'il y échéait.

Défenses sont pareillement faites, sous ladite peine de vingt livres d'amende, *aux propriétaires ou possesseurs, de Chasser dans leurs terres non closes, même en jachères*, à compter du jour de la première publication des présentes jusqu'au 1er septembre prochain, pour les terres qui seront alors dépouillées, et pour les autres terres, jusqu'après la dépouille entière des fruits, *sauf à chaque département à fixer, pour l'avenir, le temps dans lequel la Chasse sera libre, dans son arrondissement, aux propriétaires, sur leurs terres non closes.* (Article 1er, loi du 30 avril 1790.)

L'amende et l'indemnité ci-dessus statuées contre celui qui aura Chassé sur le terrain d'autrui, seront portées respectivement à trente francs et à quinze francs, quand le terrain sera clos de murs ou de haies; et à quarante francs et à vingt francs, dans le cas où le terrain clos tiendrait immédiatement à une habitation. (Article 2 de la loi du 30 avril 1790.)

Chacune de ces différentes peines sera doublée en cas de récidive ; elle sera triplée s'il survient une troisième contravention, et la même progression sera suivie pour les contraventions ultérieures ; le tout dans le courant de la même année seulement. (Art. 3 de la loi du 30 avril 1790.)

Les peines et contraintes ci-dessus seront prononcées sommairement.... Elles ne pourront l'être que, soit sur la plainte du propriétaire ou autre partie intéressée, soit même dans le cas où l'on aurait Chassé en temps prohibé, sur la seule poursuite du procureur de la commune.

(Art. 8 De la loi du 30 avril 1790.)

Il résulte évidemment de ces textes positifs qu'en temps permis, la Chasse sur le terrain d'autrui n'est un délit qu'autant qu'il n'y a pas autorisation de la part du propriétaire et que, s'il y a autorisation de la part du propriétaire, le tribunal correctionnel ne peut en connaître.

Avant l'ouverture de la Chasse, c'est-à-dire en temps prohibé, il y a délit à l'égard du propriétaire qui se livrerait à l'exercice de la Chasse dans les terres ensemencées, depuis que les grains sont en tuyaux jusqu'à la dépouille, et dans les vignes, depuis le mois de mai jusqu'à la vendange.

Mais cette prohibition ne s'applique pas aux propriétaires de lacs, d'étangs, ou de possessions qui sont séparées par des murs ou des haies vives d'avec les héritages d'autrui.

Il est pareillement libre aux propriétaires, même dans les temps prohibés, de Chasser ou faire Chasser, sans chiens courants, dans les bois et forêts.

Maître absolu, le propriétaire d'un terrain a le droit de détruire le gibier dans ses récoltes non closes, en se servant de filets ou d'autres engins licites, comme de repousser par tous les moyens possibles les bêtes fauves qui viendraient dévorer les récoltes.

On peut consulter, sur ces points divers, un arrêt de la Cour de cassation du 13 juillet 1810, ainsi que les articles 13, 14, 15 de la loi du 30 avril 1790.

Un arrêté préfectoral qui modifierait les dispositions de la loi du 3o avril 1790, ne serait pas obligatoire pour les tribunaux. (Cour de Cassation, 22 juin 1815.)

Le fait de Chasse avec des chiens levriers, sur le terrain d'autrui, ne comporte pas les poursuites correctionnelles, si la Chasse a eu lieu en temps non prohibé, et si le propriétaire ne se constitue pas partie civile. (Cour de Cassation, 22 juin 1815.)

La faculté de Chasser les oiseaux aquatiques est comprise dans les baux de pêche, mais l'adjudicataire de la pêche ne doit l'exercer que dans son bateau. (Décision de Son Excellence le ministre des finances, 2 juillet 1812. Circulaire du 4 septembre 1811.)

Le propriétaire qui fait lever le gibier sur son fonds n'a pas le droit de poursuivre sur le fonds voisin le gibier même blessé; il doit s'arrêter et rompre ses chiens sur la ligne de démarcation des deux héritages. (Rép. de Jurisp. *Voyez* Chasse.)

Celui qui doit passer sur la terre d'autrui pour arriver à la sienne ou à celle sur laquelle il a droit, doit faire coupler ses chiens ou les tenir attachés. (Répert. de Jurisp. *Voyez* Chasse.)

Sous l'ancienne législation, on avait toléré la Chasse faite par suite du gibier, mais la dernière jurisprudence était conforme aux solutions qui précèdent.

Il existait, à cet égard, deux jugements notables de la Table de Marbre, l'un, du 30 avril 1675, qui avait condamné Réné Duchesne, prêtre; et l'autre, sous la date du 6 juillet 1707. (*Voyez* ENCYCLOPÉDIE.)

Il n'existe pas de cantonnement forcé; les propriétaires peuvent se cantonner entre eux.

Dans tous les cas, les armes avec lesquelles la contravention aura été commise, seront confisquées, sans néanmoins que les gardes puissent désarmer les Chasseurs.

Les pigeons, lapins, poissons, qui passent dans un autre colombier, garenne ou étang, appartiennent au propriétaire de ces objets, pourvu qu'ils n'y aient point été attirés par fraude et artifice.

(Code civil, 564.)

Lorsque le gibier réservé pour les plaisirs d'un propriétaire cause du dégât aux propriétés voisines, il y a lieu à dommages-intérêts, s'il n'a pas été permis aux voisins d'en opérer la destruction. (Cassation, 3 janvier 1810. — *Id.* 14 septembre 1816.)

Lorsque le gibier du Roi cause quelque dégât aux propriétés voisines, le principe est le même. (Arrêt de la Cour de Paris, 20 novembre 1818.)

La Cour de cassation a décidé, le 2 juin 1817, que le droit de chaque propriétaire à Chasser sur son terrain ne s'étendait pas aux terres enclavées dans les domaines de la liste civile.

CHAPITRE V.

Compétence.

La loi du 30 avril 1790 attribuait la connaissance des délits de Chasse aux municipalités des communes où ces délits avaient été commis.

Cette disposition a été abrogée par l'article 596 du Code des délits et des peines, du 3 brumaire an 4.

Comme la moindre amende pour délit de Chasse excède, soit la valeur de trois journées de travail, à laquelle était bornée la compétence des tribunaux de police, sous le Code du 3 brumaire an 4, soit une amende

de quinze francs, qui forme le maxi-
mum des peines que peuvent prononcer les mêmes tribunaux, il suit,
par une conséquence nécessaire,
aux termes de l'article 601 du
même Code, et de l'article 179 du
Code d'instruction criminelle de 1808,
que la compétence, en matière de
délits de Chasse, appartient aux tribunaux correctionnels.

Le contrevenant qui n'aura pas,
huitaine après la signification du jugement, satisfait à l'amende prononcée contre lui, sera contraint par
corps et détenu en prison pendant
vingt-quatre heures pour la première
fois; pour la seconde, pendant huit
jours; et pour la troisième ou ulté-
rieure contravention, pendant trois
mois. (Art. 4. Loi du 30 avril 1790.)

La disposition de cet article a été modifiée par l'article 194 du Code des délits et des peines, du 3 brumaire an 4, et par l'article 203 du Code d'instruction criminelle, qui statue que, pendant le délai de l'appel, il est sursis à l'exécution du jugement.

CHAPITRE VI.

Procédure.

En matière correctionnelle, comme en matière civile, l'appel des jugements préparatoires ne peut être interjeté qu'après le jugement définitif et conjointement avec l'appel de ce dernier jugement.

Il y a déchéance de l'appel d'un jugement rendu par défaut, si la déclaration n'en a point été faite dix jours au plus tard après celui de la signification : le délai de l'opposition n'empêche pas de courir celui de l'appel.(Cassation, 22 janvier 1825.)

Le juge ne peut, sur l'appel de la partie civile *seule*, réformer les parties non attaquées du jugement, ni aggraver la peine. Il ne peut en appliquer aucune, lorsque la partie civile a seule appelé, et que le ministère public n'a pris aucune conclusion pour l'application de la peine. (Cassation, 26 février 1825.)

Le juge d'appel, en matière correctionnelle, peut, sur l'appel à *minimâ*, interjeté par le ministère public, diminuer la peine appliquée au prévenu, ou même l'en décharger entièrement, malgré l'acquiescement de ce dernier au jugement qui le condamnait. (Cassation, 4 mars 1825.)

Mais le juge d'appel ne peut, sur l'appel de la partie civile ou condamnée, aggraver la peine prononcée en première instance, si le ministère public n'est point appelant lui-même. (Cassation, 4 mars 1825. — *Id.* 25 mars 1825.)

Lorsque les juges d'appel, en matière correctionnelle, annullent pour violation ou omission de formes, ils doivent statuer sur le fonds : ils ne sont autorisés à prononcer le renvoi devant un autre tribunal qu'au cas de l'incompétence du tribunal de première instance. (Cassation, 23 juillet 1825.)

CHAPITRE VII.

Responsabilité des Parents.

Les pères et mères répondront des délits de leurs enfants mineurs de vingt ans, non mariés et domiciliés avec eux, sans pouvoir néanmoins être contraints par corps.

Les personnes civilement responsables ont, comme le prévenu, le droit de se pourvoir, soit en appel, soit en cassation. (Art. 216 et 407 du Code d'instruction criminelle. — Art. 6, Loi du 30 avril 1790.)

CHAPITRE VIII.

Du Port-d'armes.

M. Toullier, dans son *Cours de Droit civil français*, vol. 4, pages 22 et suivantes, a démontré, avec indépendance, que le port-d'armes est un droit civil et que les citoyens n'ont point besoin d'une permission pour porter des armes.

Cet auteur recommandable, par cette dissertation savante, en avril 1812, réveilla l'attention publique sur les satellites de Buonaparte qui soumettaient le peuple français à des contributions illégales. La Cour de Cassation avait rendu, le 10 juillet 1807 (*Nouveau Répertoire*, V. PÊCHE,

p. 143) un arrêt qui refusait d'appliquer une peine pour le fait de port-d'armes sans permission.

Vaincus par cette noble résistance et par la plume éloquente de l'estimable M. Toullier, les agents de Buonaparte firent rendre, le 4 mai 1812, un décret qui usurpait la puissance législative, en prononçant des pénalités.

Décret du 4 mai 1812.

Art. 1er. Quiconque sera trouvé Chassant et ne justifiant point d'un permis de port-d'armes, délivré conformément au décret du 11 juillet 1810, sera traduit devant le tribunal de police correctionnelle et puni d'une amende qui ne pourra être moindre de trente francs, ni excéder soixante francs.

Art. 2. En cas de récidive, l'amende sera de soixante-un francs au moins, et de deux cents francs au plus; le tribunal pourra en outre prononcer, un emprisonnement de six jours à un mois.

Art. 3. Dans tous les cas, il y aura lieu à la confiscation des armes, et si elles n'ont pas été saisies, le délinquant sera condamné à les porter au greffe, ou à en payer la valeur, suivant la fixation qui en sera faite par le jugement, sans que cette fixation puisse être au-dessous do cinquante francs.

Art. 4. Seront, au surplus, exécutées les dispositions de la loi du 30 avril 1790.

La Cour de Cassation qui, jusqu'à cette époque, avait proclamé que les tribunaux ne devaient appliquer d'autres peines que celles prononcées par la loi, changea de doctrine avec trop de docilité.

Quoiqu'on ne crée pas des lois pénales par de simples décrets, il est prudent de se conformer aux dispositions du décret de 1812; il paraît que les ministres du Roi, trouvant cette jurisprudence établie, veulent la conserver.

Voici un résumé des décisions notables sur ce point important.

Le fermier et même le propriétaire ne peuvent Chasser sur leurs terres non closes, quoique en temps non prohibé, sans permis de port-d'armes, sous peine de l'amende prononcée par l'article 1ᵉʳ du décret du 4 mai 1812. (Cassation, 7 mars 1823).

La Chasse, sans un permis de port-d'armes, dans un bois environné de fossés en partie en mauvais état, lorsque ce bois ne forme pas un enclos lié à une maison d'habitation, ou dont il soit une dépendance, constitue le délit précédent. (Cassation, 21 mars 1823).

La consignation des droits dus pour l'obtention d'un permis de port-d'armes n'autorise pas à Chasser; il faut que le port-d'armes ait été réellement délivré. (Cassation, 24 décembre 1819. — *Id.* 7 mars 1823).

Le port-d'armes doit être joint au fait de Chasse pour être défendu, et quand le délit de Chasse est prescrit, il n'y a plus lieu à appliquer le décret sur le port-d'armes. (Cour de Cassation, 1er et 15 octobre 1813).

Le fusil brisé est interdit, même aux propriétaires, dans toute espèce de Chasse. (Ordonnance de 1669, t. 3o, art 5.).

Fusils et pistolets à vent : même solution. (Décret du 2 nivôse an 14. — *Id.* du 12 mars 1806. — Déclaration du 23 mars 1728).

Lorsque plusieurs individus Chassent en temps prohibé, il y a autant de délits particuliers que de délinquants ; en conséquence, l'amende et l'indemnité doivent être prononcées contre chacun d'eux individuellement. (Cassation, 17 juillet 1823).

Tout fait de Chasse quelconque, avec armes, est réputé délit, aussi long-temps que l'individu trouvé Chassant n'a point justifié d'un permis de port-d'armes obtenu au moment de la Chasse. (Cassation, 26 mars 1825).

La Cour royale de Lyon a jugé, le 19 août 1820, que le défaut de représentation du permis de port-d'armes ne constitue pas un délit de Chasse, si le délinquant en était légalement muni antérieurement au procès-verbal.

Les coups de fusil tirés par un individu qui occupait momentanément une cabane servant d'abri ou de poste pour épier le gibier, ne sont pas regardés comme tirés de l'intérieur d'une maison, mais constituent le fait de Chasse. (Cass., 7 mars 1823).

Le prix du permis de port-d'armes, fixé à 30 francs par le décret du 11 juillet 1810, est réduit à 15 francs par l'article 70 de la loi du 28 avril 1816.

CHAPITRE IX.

Des Gardes-Champêtres.

La loi du 20 messidor an 3 (8 juillet 1795), a ordonné l'établissement des gardes-champêtres dans toutes les communes rurales de la France.

Tout propriétaire a le droit d'avoir pour la conservation de ses propriétés un garde-champêtre. Il est tenu de le faire agréer par l'administration municipale.

Ce droit ne pourra l'exempter néanmoins de contribuer au traitement du garde de la commune.

Les gardes-champêtres doivent

avoir vingt-cinq ans, à peine de nullité de leurs procès-verbaux et autres actes. (Cassation, 19 juillet 1807. — Loi du 6 octobre 1791, sect. 7, art. 5).

Les gardes-champêtres et les gardes-particuliers prêtent serment devant le tribunal civil avant d'exercer leurs fonctions.

Les gardes que le Roi juge à propos d'établir pour la conservation de ses Chasses sont également reçus et assermentés devant le tribunal de première instance de la situation des parcs et domaines. (Décret du 14 septembre 1790, art. 8).

Une ordonnance du 29 octobre 1820, sur la nomination des gardes-champêtres, réduit les officiers municipaux à un simple droit de présentation.

Le Nestor de la magistrature française a critiqué cette ordonnance avec autant de science que d'érudition.

Il doit y avoir au moins un garde-champêtre par commune, et il peut y en avoir plusieurs.

Les gardes-champêtres, dans l'origine de l'institution, n'étaient établis que pour veiller à la conservation des propriétés ; mais le Code des délits et des peines et le Code d'instruction criminelle ont apporté des changements à la loi du 23 septembre 1791.

Ces deux Codes impriment aux gardes-champêtres la qualité d'officiers de police judiciaire.

C'est au ministère public et non aux avoués qu'appartient le droit de faire admettre au serment, devant le tribunal, les gardes - champêtres

des communes et même des particuliers. (Cassation, 20 septembre
1823).

Les délits de Chasse seront prouvés,
soit par procès-verbaux ou rapports,
soit par deux témoins, à défaut de
rapports et de procès-verbaux, ou à
leur appui. (Loi du 28 avril 1790,
art. 11. — Code d'inst. crim., art. 154
et 189. — *Id.* Cassation, 26 janvier
1816).

Lorsque le procès-verbal est nul
pour vice de forme, le garde peut
être appelé comme témoin devant le
tribunal.

Lors même qu'en première instance,
un procès-verbal n'a point été admis
à raison de son irrégularité, en appel
on peut entendre comme témoins le
garde et le maire qui a reçu l'affir-

mation. (Cassation, 17 avril 1823).

Les fermiers ont le droit de nommer, pour leur récolte, un garde-champêtre particulier, et il a caractère pour dresser un rapport; mais on doit se conformer à la loi du 20 messidor an 3, et à l'ordonnance du 29 novembre 1820. (Cassation, 27 brumaire an xi. — Denevers, 1823, page 347.)

Les procès-verbaux seront ou dressés par écrit ou faits de vive voix à la mairie où il en sera tenu un registre.

Ils seront affirmés dans les vingt-quatre heures du délit. L'affirmation est reçue par le juge-de-paix du lieu du délit; les suppléants peuvent néanmoins la recevoir pour les délits commis dans le territoire de la commune où ils résideront, lorsqu'elle ne sera pas

celle de la résidence du juge-de-paix.
(Loi du 28 floréal an x).

La déclaration du maire ou adjoint
que le procès-verbal lui a été présenté
ne peut tenir lieu de l'affirmation.
(Cassation, 2 janvier 1809).

Ce n'est que de la clôture du procès-verbal que commence à courir le
délai pour l'affirmation. (Cour de
Cassation, 8 janvier 1807 et 19 janvier 1810).

Les procès-verbaux en forme feront
foi jusqu'à la preuve contraire. (Loi
du 28 septembre 1971, art. 6, sect. 7).

Ils ont cette foi contre les parents
ou alliés des gardes. (Cassation, 7
novembre 1817 et 18 octobre 1822).

Les gardes ne sont pas tenus de
nommer les délinquants ; il suffit
qu'ils soient désignés de manière à

ne pouvoir être méconnus. (Cassation, 26 janvier 1816).

. Le procès-verbal n'est pas nul parce qu'il n'énonce pas la demeure du garde (Cassation, 27 juin 1812), ou que le garde était décoré de ses marques distinctives. (Cassation, 15 octobre 1821).

' Le garde-champêtre ne peut être condamné personnellement aux dépens. (27 juin 1812).

Les gardes-champêtres n'ont point qualité pour constater les délits qui ne sont ni champêtres, ni forestiers, qui ne sont ni flagrants, ni dénoncés par la clameur publique : par exemple une contravention à un réglement de police concernant la clôture des cabarets. (Code d'inst. crim., art. 11. — Cassation, 15 janvier 1819).

Si un garde-champêtre, ne sachant pas écrire, dicte à un autre garde le procès-verbal d'un délit qu'il aurait reconnu, ce procès-verbal est nul et ne fait aucune foi. (Cassation, 29 mai 1824).

Les procès-verbaux réguliers font foi jusqu'à preuve contraire. (Loi du 28 septembre 1791, art. 6, sect. 7.)

Les gardes-champêtres sont sous la surveillance des Procureurs du Roi et sous la juridiction des Cours Royales. (Art. 8 et 17 du Code d'inst. crim.).

Cette qualité de fonctionnaires publics ajoute à l'importance des gardes-champêtres, mais aussi à la gravité des délits. (Code pénal, art. 462, 454, 4691, 198, 333, 432).

Les gardes-champêtres doivent être traduits directement devant les Cours

Royales pour délits commis dans l'exercice de leurs fonctions. (Code d'instr. , 483 , 479. — Cassation , 16 février 1821).

En cas de rébellion envers les gardes - champêtres, on considère ces agents comme faisant partie de la force publique, mais non de la force armée. (Cassation , 19 juin 1818 , 3 juin 1815).

CHAPITRE X.

La répression des délits de Chasse commis par des militaires appartient, conformément au droit commun, aux tribunaux correctionnels. (Avis du Conseil, 4 janvier 1806).

4

CHAPITRE XI.

De la Prescription.

Toute action pour délit de Chasse sera prescrite par le laps d'un mois, à compter du jour où le délit a été commis. (Loi 22, 30 avril 1790, art. 12).

La prescription d'un mois, établie par l'article précédent, est générale et applicable à tous les délits de Chasse commis dans les bois de l'Etat, des communes et des particuliers, mais ne s'applique pas aux délits commis dans les bois de la couronne. (Cassation, 30 mai 1822. — Ordonnance 1669).

Quand le délit de Chasse est prescrit, l'infraction au décret sur le port-
d'armes sans permission l'est également. (Cassation , 1er et 15 octobre
1813. — Vazeille, *Traité des Prescrip-
tions*, page 537, édition 1824).

La prescription du délit de Chasse
est interrompue par les actes de poursuites, lorsqu'ils se succèdent, tous, à
des intervalles plus courts qu'un mois.
(Cassation, 11 novembre 1825).

En matière criminelle ou de police,
la prescription est un moyen d'ordre
public que le juge doit suppléer d'of-
fice. (Cassation, 26 février 1807, 28
janvier et 12 août 1808).

Peut-on acquérir le droit de Chasse
par prescription ? La négative me
semble incontestable. Il est de principe que les actes de tolérance ne

4*

peuvent servir de base à la prescription. Le Chasseur a-t-il pu se livrer à l'exercice de la Chasse sans le consentement du propriétaire ? Les faits de Chasse ne sont-ils pas essentiellement discontinus ? Peuvent-ils d'ailleurs jamais constituer cette continuité de possession indispensable pour prescrire ?

CHAPITRE XII ET DERNIER.

Considérations générales.

Le goût de la Chasse est un penchant naturel à l'homme et aux animaux. Les nations sauvages ne savent que combattre et Chasser : l'homme civilisé perfectionne cet instinct naturel, et Chasse avec méthode : le lion, le tigre, dont la force est si grande qu'ils sont certains de la victoire, Chassent seuls et sans secours : les loups, les renards, les chiens s'entendent, s'entraident, se coalisent pour partager la proie.

On a beaucoup écrit pour savoir si la liberté de la Chasse devait être

un droit commun ou un privilége ex-
ceptionnel : tel ne me paraît pas le
véritable jour de la question.

Dans les pays civilisés, despotiques,
monarchiques, républicains, peu importe, l'ordre social s'appuie sur la
propriété foncière : comment conci-
lier avec le droit de propriété la liberté indéfinie de Chasser ?

Dans les états fondés sur l'égalité
des lois constitutionnelles, ne serait-
ce pas un contre-sens, une anomalie
que d'accorder un privilége à la naissance, à la faveur, aux décorations,
ou à d'autres accidents puérils ? Ne
serait-ce pas marcher contre la nature des institutions ?

La propriété est la base de l'ordre
social, voilà un fait sensible, maté-
riel, incontestable ; le droit de Chasse

est un droit inhérent à la propriété
territoriale ; le gibier est un fruit de
la terre où il se trouve : au propriétaire appartient donc le droit exclusif
de recueillir tous les produits de son
champ, d'exterminer les animaux
nuisibles, ou de chercher un délassement légitime ; mais comme la
Chasse au fusil conduit à la poursuite
du gibier, et que le chasseur ardent
ne s'arrêterait pas sur la limite de sa
propriété, il a fallu régler, par des or-
donnances de police, l'exercice de ce
droit.

L'intérêt de l'agriculture proclame
la conservation d'un ordre de choses
que recommandent la législation actuelle et les principes de l'équité.

Le droit de propriété doit s'étendre
sur les animaux qui vivent aux dé-

pens des récoltes, comme sur les récoltes elles-mêmes, puisque, sans la dent des animaux, le produit des récoltes serait plus considérable.

Le législateur qui accorderait le droit de Chasse à d'autres qu'aux propriétaires du sol, agirait directement contre les conditions du pacte social.

C'est sous ce rapport que de bons esprits sollicitent de leurs vœux une légère modification des lois en vigueur.

On ne doit pas le dissimuler, la loi du 28 avril 1790 n'a pas osé résister avec courage aux exigeances et aux menaces des prolétaires.

Quoi qu'il en soit, les mœurs préparent les lois, les lois, expression des besoins généraux : en attendant que le pouvoir législatif porte une révision sévère sur cette partie de la police rurale, le propriétaire éclairé interdira la faculté de Chasser aux individus qui lui sont subordonnés. Le goût de la Chasse détourne de ses utiles travaux le cultivateur, le journalier, l'artisan et l'homme qui vit du produit de ses bras. Le goût de la Chasse inspire une fureur belliqueuse à ces terribles braconniers, qui font, en Chassant, l'apprentissage du métier de fraudeur et qui deviennent successivement des voleurs, des assassins. Le goût de la Chasse est une passion tellement violente que le chasseur occasione des dégâts innombrables, sans respect pour les droits de la propriété, sans pitié pour les sueurs de l'agriculture.

O vous! qui tenez à cœur d'améliorer l'héritage paternel ou d'embellir le sol de la France; privez de la faculté de Chasser les fermiers de vos domaines, leurs enfants, leurs serviteurs, tous ceux enfin qui vous sont soumis par des rapports de dépendance; faites sans relâche une guerre active à ces braconniers destructeurs, qui enveloppent, avant l'ouverture de la Chasse, d'un filet immense, des générations entières de cailles ou de perdrix; résistez, résistez aux sollicitations de ces petits maîtres qui, déployant un appareil presque belliqueux, renouvellent les abus de l'ancien régime; flétrissez par des poursuites correctionnelles d'indignes citoyens qui méprisent les lois du pays; encouragez, par des suffrages flatteurs, les gardes-champêtres ou

particuliers qui constatent les contraventions avec courage et probité ;
soyez inflexibles, sans être barbares,
justes, sans être vindicatifs, opiniâtres,
sans être tracassiers, et vous ferez
respecter les droits sacrés de la propriété !

NOTICE

SUR LA

MALADIE DES CHIENS,

Par J.-B.-S. ÉVERTS,

Médecin-vétérinaire du département du Pas-de-Calais, ancien vétérinaire en chef aux armées, etc.

———o———

De tous les animaux domestiques, le Chien est sans nul doute celui qui mérite le plus d'attachement : ami fidèle et désintéressé, il partage avec joie les peines et les privations, la bonne et mauvaise fortune de son maître ; obéissant et soumis, il caresse la main qui le châtie ; son affection, son amour et sa reconnaissance n'ont de bornes que la vie. Où est l'homme qui, comme lui, garde éternellement le souvenir du plus léger bienfait? Que d'ingrats feraient bien de le prendre pour modèle!

Tous les animaux sont du domaine de la médecine-vétérinaire; et c'est avec plaisir que nous consacrons quelques instants de loisir au plus intéressant, au plus aimable d'entre eux. Il n'est d'ailleurs pas rare de voir des chiens de chasse dont la valeur vénale surpasse de beaucoup celle d'un bon cheval ordinaire. D'après cela, que pourrait avoir d'étonnant la préférence qu'un propriétaire accorderait à un animal de ce prix, qui, de plus, est le compagnon de ses plaisirs, sur un de ces derniers d'un prix beaucoup moindre ? Ce motif suffirait seul, abstraction faite de tout l'intérêt que ce docile et vigilant ami de l'homme inspire ; aussi, croyons-nous rendre un véritable service en publiant cette courte Notice, à l'aide de laquelle il sera facile de reconnaître et de traiter les maladies, aussi communes que graves, qui affligent l'espèce canine le plus ordinairement.

La plus connue et la moins appréciée est celle qu'on désigne ordinairement par le nom de *Maladie des Chiens ;* elle offre presque autant de variétés dans son caractère et dans sa marche qu'elle attaque des individus différents ; tantôt elle paraît avoir son siége dans la tête, tantôt dans la poitrine ou dans le bas-ventre, d'autres fois elle est purement nerveuse.

Les Chiens n'en sont affectés qu'au-dessous de trois ans. Quelques écrivains la disent héréditaire; il en est qui la croient contagieuse entre les jeunes Chiens, comme l'est la gourme parmi les jeunes chevaux. Cependant beaucoup en sont exempts : on l'a souvent vue régner épizootiquement, et, dans ce cas, les vieux n'y échappent pas toujours. Entre toutes les opinions émises sur la cause, la plus probable est celle qui l'attribue à la dentition. En effet, ne voyons-nous pas les mêmes phénomènes se montrer lors de la dentition dans l'homme? Les catharrhes, les inflammations, les diarrhées colliquatives, les éruptions spontanées, les névroses de toute espèce, etc., ne sont-ils pas le partage de sa première jeunesse ? Cette maladie débute par un fond de tristesse et d'inappétence, soubresauts dans les muscles des extrémités, insomnie ou sommeil interrompu et rêves pénibles, aboiements sans motifs, quelquefois diarrhée, plus souvent constipation, soif ardente, appétit déréglé, bizarre, desir de ronger toute sorte d'objets, de les manger même, enfin une faiblesse telle qu'ils chancellent en marchant.

Ces signes précurseurs sont bientôt suivis par des symptômes plus alarmants, plus caractéristiques. Les animaux paraissent souffrir quand on les touche, ou être insensibles; les yeux sont rouges, larmoyants et chassieux, ou clairs et hagards; la

respiration, tantôt calme, tantôt accélérée; la gueule sèche et brûlante
ou baveuse; les orifices du nez ob-
strués par un mucus blanc-jaunâtre,
épais, qui intercepte la libre entrée
de l'air; des éruptions miliaires sur
quelques parties du corps, principalement entre les cuisses; la cornée
lucide couverte d'un ou plusieurs
boutons qui, en s'ouvrant, deviennent larges et ulcéreux, et occasionent parfois la cécité; une toux grasse
continuelle; alternativement chaleur
et frisson, suivis d'un calme de plusieurs heures; un tremblement con-
vulsif de tout le corps ou de quelques-uns des membres seulement;
des cris plaintifs, douloureux se font
entendre; une paralysie générale ou
partielle survient, et enfin le marasme et la mort.   5

Il en est en qui le foie est le siége de la maladie : c'est l'ictère ou jaunisse, les membranes muqueuses de la bouche et la conjonctive sont jaunes, ainsi que la peau ; l'urine est de la même couleur ; ils restent toujours couchés, sont très abattus, maigrissent promptement, boivent beaucoup et refusent les aliments solides, gémissent et semblent, par leurs tristes regards, implorer des secours, et meurent après de longues souffrances, s'ils n'ont pas reçu des soins convenables au début de la maladie.

Chez d'autres, la maladie passe, aussitôt après son invasion, à une affection purement nerveuse dont les convulsions et l'extrême faiblesse sont les symptômes distinctifs : nous y reviendrons. Ces affections qui, toutes, sont confondues sous le même nom et qui offrent cependant de grandes différences et dans le siége et dans le traitement, comme nous tâcherons de le prouver ailleurs, sont fréquemment compliquées de maladies vermineuses qui les aggravent singulièrement. Il n'est pas rare alors de voir les chiens s'éloigner de l'homme, rechercher l'obscurité, être tristes et chagrins, mordre à la plus légère contrariété, et offrir tous les symptômes de la maladie que quelques écrivains ont désignée sous le nom de *rage-mue*. Pauvres animaux! on les tue, alors que quelques légers vermifuges pourraient les guérir!

Les symptômes dont nous venons d'esquisser l'ensemble ne se trouvent jamais tous réunis dans le même sujet ; nous reviendrons sur les pathognomoniques lorsque nous traiterons de chacune des affections qu'ils caractérisent en particulier.

L'autopsie cadavérique offre autant de lésions différentes qu'il existe de variétés dans les symptômes, et cependant il arrive que les causes de la mort laissent de si faibles traces qu'elles sont à peine apercevables ; néanmoins on en rencontre généralement dans les organes de la respiration et dans le cerveau ; souvent les intestins sont farcis de vers, les différents tissus décolorés, ou portant des vestiges d'inflammation, quelquefois l'estomac renferme des débris de matières hétérogènes non alimentaires, que le malade a dévorés dans les convulsions de la douleur.

Passons maintenant à la description de chacune des affections caractérisées par les signes et les lésions que nous venons de relater.

Le catarrhe pulmonaire ou inflammation des membranes muqueuses des voies aëriennes est caractérisé par la tristesse, la perte de l'appétit, la toux, la chaleur de la gueule et du nez, l'oppression, la soif, la constipation et un fréquent ébrouement. Dans le début, le pouls est plein et dur, les battements de la carotide sont visibles; il devient accéléré et petit au fur et mesure que la maladie avance, mais il reste toujours serré. Si la maladie est négligée, une névrose sympatique des organes de la locomotion survient, et souvent une paralysie générale ou partielle. D'autres fois la tête semble devenir un centre de fluxion, si je puis m'exprimer ainsi ; les orifices du nez s'obstruent continuellement par un mucus épais ; les yeux sont chassieux, chargés d'une matière puriforme, âcre, dont le séjour fait naître des ulcères sur la cornée, qui, s'ils n'occasionent pas la cécité, ce qui, à la vérité, est très rare, laissent néanmoins des traces fâcheuses. La céphalalgie paraît être violente, car l'application d'un linge imbibé d'eau froide, ou l'application de la main sur le front, procure un soulagement momentané ; des suppurations de l'oreille interne s'établissent ; la peau qui environne les yeux et les lèvres rougit, se couvre de boutons et se dégarnit de ses poils ; la faiblesse est extrême ; le malade maigrit à vue d'œil, et meurt sans se plaindre.

Quelquefois tous les symptômes maladifs disparaissent pour le vulgaire, le retour de l'appétit fait présumer une guérison prochaine ; mais l'oppression et le marasme vont en augmentant, le pouls devient irrégulier, intermittant, le cœur bat avec force, et bientôt l'animal succombe à une hydropisie de poitrine.

Dans le cas où la mort est directement due à la violence de l'inflammation, ce mieux apparent n'a pas lieu ; elle survient ordinairement vers le dixième jour.

La terminaison la plus heureuse, quand l'animal a été abandonné à la nature, c'est une éruption miliaire sur tout le corps, mais principalement entre les cuisses et les bras, aux endroits dénués de poils. La propreté, une température douce et quelques béchiques suffisent alors pour achever la cure.

Il arrive assez souvent que la maladie est compliquée d'embarras gastrique, soit par l'effet des moyens irritants, incendiaires qu'on a donnés, soit par l'effet d'une complication naturelle. Cet accident se reconnaît aux fréquentes nausées, au vomissement spontané de matières glaireuses ou bilieuses, au sédiment blanc qui enduit la largue, à l'odeur infecte que la gueule exhale, et à la dureté et la couleur foncée des excréments, suivis de diarrhée, accompagnés de flatulences et de baillements continuels.

D'après ce qui précède, il est aisé de voir qu'au début de la maladie, la saignée est indiquée. Il faut bien se garder cependant de la faire déplétive, il vaut mieux en faire trois et même quatre légères, qu'une seule trop forte, dans la crainte d'ôter aux organes affectés la force nécessaire à la résolution. On la pratique sur toutes les veines, mais la plus commode et la mieux disposée est celle de la face externe de la jambe, à deux pouces au-dessus du jarret. On rase d'abord le poil à l'endroit, on borne la lancette avec le pouce et l'index, et on la plonge longitudinalement dans le vaisseau, ayant soin de faire une forte compression avec le pouce de la main gauche, à quatre ou cinq centimètres au-dessus ; on peut remplacer cette pression par une ligature. Cette saignée se ferme comme celle de l'homme, avec un morceau de taffetas d'Angleterre, d'emplâtre agglutinatif, ou une compresse, et dans tous les cas, une bande.

Le chien doit être musclé, afin de prévenir l'arrachement de l'appareil.

Il est un autre motif que la commodité, qui nous fait préférer les parties postérieures pour y pratiquer la saignée, c'est l'action directe, immédiate qu'elle exerce sur le système de la veine-porte.

L'application des sangsues à la face interne de la cuisse et l'immersion du malade dans le bain tiède, pendant un temps plus ou moins long, dans le double but de détendre les tissus et de dégorger les vaisseaux, a été suivie de très bons effets.

L'usage des bains tièdes convient, en général, dans le traitement de cette maladie, ainsi que les lavements mucilagineux d'une légère décoction de graine de lin. Les potions béchiques doivent être adoucissantes dans le principe. Les dissolutions de gomme arabique dans une infusion théiforme de fleurs de tilleul aromatisée par une cuillerée d'eau de fleur d'oranger, ou dans une décoction de quelques têtes de pavot, dont il ne faut cependant point abuser dans la crainte d'occasioner une constipation opiniâtre qui pourrait, sinon produire des accidents graves, du moins retarder la guérison, atteindront le but. Si la

toux résistait, il faudrait joindre à
cette espèce de look de deux à quatre grains de kermès, pour être administrés en plusieurs doses, selon
la taille et la force de l'animal, et
quelques grains d'ipécacuanha. Dans
le cas où les spasmes seraient à craindre, on y joindrait chaque fois douze
à quinze gouttes d'éther sulfurique,
qui a le double avantage d'agir en
même temps comme vermifuge. Il
ne doit jamais être mêlé qu'à un véhicule froid, à cause de son extrême
volatilité.

Si la maladie, au lieu de suivre la
marche ordinaire dans ces sortes d'affections, restait long-temps station-
naire, ou que les paroxismes qui,
communément surviennent à la chute
du jour, fussent accompagnés d'une

exacerbation inhabituelle , que le malade fût menacé de cécité ou de l'inflammation de l'oreille interne, ce qu'il annonce par le port oblique de la tête et mouvement fréquent de rotation, et par l'application lente et mesurée de la patte de devant sur le siége de la douleur, il ne faudrait pas hésiter un instant de passer un long séton, enduit de cinq parties de basilicum et une d'essence de térébenthine sur le milieu de la nuque.

Si, au contraire, des spasmes généraux partiels vinssent à se montrer, il faudrait bien s'en garder, car ces accidents n'iraient qu'en augmentant, et une prompte mort en serait infailliblement la suite.

Les antispasmodiques conviennent en général; mais en médecine plus

qu'ailleurs, les extrèmes se touchent;
il faut les donner avec prudence,
car si on en abuse, on obtient des résultats diamétralement opposés à ceux
qu'on desire. C'est ainsi que dans
bien des cas le camphre, la civette,
le castorum, le musc, l'extrait aqueux
d'opium, peuvent être employés
comme calmants, si des convulsions
ont lieu; mais souvenons-nous bien
que les doses de ces médicaments
doivent toujours être subordonnées à
la force du sujet. Vers l'époque où la
maladie tend à la chronicité, c'est-à-
dire quand la chassie des yeux et le
mucus du nez s'épaississent, que la
toux devient expectorante, les éva-
cuants par les selles doivent être mis
en usage; ils préviendront les accidents nerveux qui peuvent se mon-

trer à toutes les époques de la maladie. L'émétique en grand lavage nous
a toujours paru mériter la préférence,
depuis un grain jusqu'à deux, dans
une ample, mais faible décoction de
jarret de veau ou de tête de mouton,
dont on donne une portion d'heure
en heure, ou la rhubarbe en poudre,
la casse, la manne, le thamarin, etc.
On doit se garder des purgatifs drastiques, quoiqu'ils réussissent quelquefois; mais la plupart du temps c'est
en supprimant une irritation moindre
par une plus forte, et par ainsi en
établissant une maladie souvent plus
grave que la première. Du reste, un
régime sévère, abstinence presque
totale d'aliments solides, une habitation où règne une grande propreté
et une chaleur tempérée, et surtout

empêcher par l'isolement que le malade puisse se livrer à des mouvements tumultueux par l'approche d'autres chiens ou d'individus dont la présence exciterait sa colère, sont des moyens accessoires qu'il est bon de ne pas négliger.

Les vomitifs administrés au début de la maladie ont été prônés, mais à tort; car sur une guérison qu'ils opèrent en faisant avorter la maladie, ils donnent quatre fois naissance à la gastrite ou gastro-entérite chronique. Nous avons vu des chiens qui, après avoir souffert de la première de ces maladies pendant plusieurs mois, ont succombé à la rage spontanée. Le plus grand nombre reste languissant et tombe dans le marasme, ou reste pour la vie affligé d'une contraction spasmodique d'un membre ou de tout le corps, connue sous le nom de *Danse de Saint-Guy*.

Quelle que soit la facilité apparente avec laquelle le vomissement dans le chien s'opère, il n'en est pas moins toujours suivi d'un accablement profond, précédé d'abord par tous les signes qui annoncent l'exaspération de sa cause et de ses effets. C'est ainsi qu'une toux plus sèche, plus fréquente, une chaleur plus intense de la bouche, du nez et des yeux, un redoublement de fièvre, quelquefois la syncope ou des attaques de nerfs, sont le résultat des secousses de l'estomac et secondairement du trouble des fonctions de la respiration et de la circulation.

Il est des cas, sans doute, où les

vomissements sont indiqués, mais il faut en être avare pour des animaux aussi irritables que les chiens, et surtout dans le traitement d'une maladie aussi susceptible de complications et de dégénérescence que celle dont nous nous occupons, encore faut-il préférer l'ipécacuanha à l'émétique.

Dans le cas cependant où l'on voulût tenter cet avortement par un vomitif répété deux ou trois jours de suite, comme quelques auteurs le conseillent, il ne faudrait néanmoins pas l'entreprendre avant d'avoir pratiqué la saignée.

Une autre maladie non moins grave, c'est celle qui se déclare par une affection comateuse; le malade reste couché, il est dans l'impossibilité de

se tenir debout; des convulsions fréquentes se manifestent sans que les
membres en paraissent violemment
affectés; les yeux tournent vivement
ou tremblent dans leur orbite; le
cou se roidit; la queue s'éloigne ho-
rizontalement du corps; l'urine s'é-
coule et de faibles cris se font entendre.

Cet état ne dure qu'une ou deux
minutes; le calme succède, mais un
profond abattement l'accompagne;
l'animal se soulève péniblement,
étanche sa soif s'il y a un liquide po-
table à sa portée, et se recouche en
regardant son maître avec des yeux
qui expriment les souffrances et le
desir d'être secouru.

Les aliments solides, quelque ap-
pétissants qu'ils puissent être, sont

opiniâtrement refusés; la déglutition
de la boisson même est difficile. Il
paraît que les accès, qui, d'ailleurs,
se suivent souvent à de courts intervalles, laissent un sentiment douloureux de constriction à la gorge.

Ce qui précède prouve assez que
cette maladie est purement nerveuse;
le traitement doit être calmant, an-
tispasmodique. Les bains tièdes, les
layements émolients, l'éther, les
émultions camphrées à de légères
doses, unies à la teinture d'assa-
fœtida, en triomphent facilement.

Cependant il est des occurrences
où les attaques de nerfs ayant cessé,
la maladie se prolonge au-delà du
temps voulu pour la guérison, alors
la catalepsie est à craindre. Le malade reste toujours couché, sommeille

souvent, s'éveille subitement et avec émotion, reste insensible à tout ce qui l'environne, le peu de mouvements qu'il fait sont convulsifs, et il se trouve dans l'impossibilité de se lever ou de se tenir un instant sur ses jambes.

Le moyen qui nous a le mieux réussi en pareil cas, c'est l'application du moxa au sommet du front, près de l'occiput, à travers une coenne de lard ou de tout autre corps intermédiaire convenable. Comme dans un chien de prix il faut éviter, autant que possible, que cette opération laisse une hideuse cicatrice, on a soin de verser aussitôt après chaque application, quelques gouttes d'éther, qui, enlevant par leur évaporation, le calorique de la partie brûlée, remédient parfaitement à cet inconvénient.

Les purgatifs marcheront ici de pair avec cette application, et comme dans les affections nerveuses le canal intestinal est difficile à émouvoir, à irriter, on donnera la préférence aux drastiques, tels que le jalap, le sirop de nerprun, l'extrait d'aloës aqueux, etc., dans un abondant véhicule approprié, encore faut-il souvent en doubler la dose pour atteindre le but desiré ; les lavements de sel de glauber (sulfate de soude) et d'un grain d'émétique en hateront l'effet.

La maladie, en apparence légère dans le principe, se termine souvent par une affection du foie qui, d'abord, paraît peu dangereuse parce que l'appétit se soutient assez long-temps après son début, et que sans la colorisation de la peau, on ne se douterait pas de son existence. Mais bientôt la soif augmente, les aliments solides sont refusés, la constipation fait place à une diarrhée; la faiblesse devient extrême, le malade ne peut plus se lever et meurt enfin après une longue et cruelle agonie.

A l'ouverture du cadavre, on trouve les intestins et toutes les membranes de l'abdomen colorés comme celles visibles à l'extérieur; le foie offre quelques altérations; son volume est augmenté et sa couleur plus foncée que dans l'état ordinaire; il se déchire avec une étonnante facilité, et la portion du diaphragme qui y correspond est légèrement phlogosée; la vésicule biliaire est distendue outre mesure par une bile épaisse, et les canaux qui la charrient paraissent diminués de diamètre ; la vessie est souvent pleine d'une urine onctueuse, haute en couleur, et le canal alimentaire toujours vide.

Ne paraît-il pas démontré, d'après cela, que le foie, devenu le foyer de la maladie, ne faisant plus ses fonctions, la circulation de la bile est interrompue ?

Ici les vomitifs sont indispensables, car il s'agit de produire une forte secousse sur l'estomac, afin de rétablir la sécrétion et la circulation biliaire ; les bains, les lavements, les toniques amers, en extrait ou en poudre, unis au savon médicinal, de temps à autre interrompus par un purgatif doux et un régime délayant, mais sévère, achèveront la cure.

Les maladies que nous venons de décrire ne se manifestent pas toujours avec autant d'intensité : une infinité de chiens en sont quittes pour un catarrhe nasal, dont l'influence sur la santé est à peine sentie, leur gaieté n'en est même pas altérée; d'autres ont un léger catarrhe pulmonaire qui cède à un bon régime et quelques soins domestiques, mais qui, par de violents remèdes empiriques, peut devenir sérieux ; d'autres enfin en sont exempts, où s'ils paient un tribut, il est si léger qu'il passe inaperçu.

Quand l'une ou l'autre de ces maladies est compliquée par la présence des vers dans le tube digestif, on ne peut espérer une cure radicale avant leur entière expulsion. Mais avant de l'entreprendre, il faut d'abord traiter l'affection essentielle comme la plus dangereuse, la plus pressée, et parce que les médicaments vermifuges pourraient, dans bien des cas, l'aggraver ou du moins contrarier sa marche. La sévérité du régime qu'on aura fait observer au malade facilitera singulièrement l'empoisonnement de ces parasites, dont la présence se décèle par une infinité de signes faciles à saisir.

1° Les jeunes et les vieux mangent avec une voracité sans égale ; ils sont insatiables et maigrissent malgré l'abondante nourriture qu'on leur départit.

2° Le poil sur les reins et le haut des épaules est soulevé, quelquefois dressé, et toujours sec et d'un aspect sale.

3° La marche est gênée, roide, surtout des membres postérieurs ; les cuisses et les hanches paraissent plus maigres que le reste du corps ; la pupille est très dilatée, et la gueule et les yeux sont plus pâles que dans l'état de santé.

4° Le malade est irrascible, triste, morose, taquin envers ses pareils ; il fait la *brouette* et se frotte l'anus par terre. Si la maladie est ancienne, et que la quantité de vers est considérable, il court çà et là, aboie sans motif, hurle, se plaint souvent, dévore avec colère les objets à sa portée, tels que linge, bois, paille, gazons, etc., et finit par mourir dans d'affreuses convulsions.

5° Il est rare qu'un chien ait des vers sans qu'il en rende quelques fragments; dès-lors, il ne faut pas attendre jusqu'au dernier instant pour le soumettre à un traitement convenable; car, comme ils se multiplient à l'infini par le temps, il est plus facile d'exercer une action sur un petit nombre que sur un grand; plus tard, tout en parvenant à les expulser complètement, l'animal peut mourir des suites, parce que les sources de la vie ont été altérées.

Les jeunes chiens y sont le plus sujet; cependant nous avons fréquemment vu des vieux en périr. Le traitement doit être précédé d'une abstinence totale d'aliments solides pendant quarante-huit heures, tant afin de vider les intestins, et à cet effet on peut commencer par administrer un purgatif, que pour affamer les vers. Les doses de médicaments doivent être proportionnées à la taille et à l'âge de l'individu.

Les vermifuges que nous conseillons avec le plus de confiance, parce qu'ils nous ont le plus souvent et le mieux réussi, sont les préparations mercurielles, parties égales en poids de mercure doux (muriate de mercure), et d'éthiops minéral (sulfure noir de mercure), dont on donne, matin et soir, deux heures avant un léger repas, depuis quatre jusqu'à douze grains, dans un peu de lait chaud sucré, contenant une petite portion de pain blanc.

Au bout de deux jours de ce traitement, on administre le sirop de nerprun et quelques grains d'extrait d'aloës aqueux comme purgatif, et le lendemain on pose, pour recommencer le traitement le jour suivant.

Il est rare qu'après six ou huit jours tous les vers n'aient pas été détruits et rendus par les selles, ce dont il est aisé de s'assurer; mais si l'on était en droit d'en soupçonner encore, on ne risquerait rien de continuer les remèdes. Du reste, tous les amers, la coraline de Corse, le semen-contra, la tanaise, en poudre, en extrait ou en décoction, sont vermifuges.

Il en est un autre non moins actif et quelquefois préférable à tous ceux que nous venons d'énumérer, dont la découverte est due au célèbre Chabert, mais dont l'odeur et la saveur dégoûtantes répugnent et le font souvent rejeter par le vomissement peu de minutes après son introduction dans l'estomac ; nous voulons parler de l'huile empireumatique, distillée sur l'essence de térébenthine. Certes, cet anthelmintique est le meilleur, le plus actif et le moins dangereux de tous pour les grands animaux. Nous en avons obtenu dans l'homme, auquel on le fait prendre en petite dose et enveloppé, afin d'en masquer l'odeur, des résultats presque miraculeux.

Il se donne au chien depuis un demi-gros jusqu'à deux, étendu dans une infusion amère, immédiatement précédé par une boisson composée de lait et de miel, afin d'allécher les vers, et suivi d'un lavement d'une décoction filtrée de suie de cheminée.

Les vers les plus dangereux qui attaquent le plus ordinairement le chien sont les *tæneas rubanés*, improprement appelés *vers solitaires;* ils se trouvent quelquefois réunis par paquets, et sont d'autant plus difficiles à tuer qu'ils sont en plus grand nombre. Il y en a de toutes grandeurs; leur multiplication est prompte et infinie; la mort du malade ou leur expulsion peuvent seules y mettre un terme. Il en est dans ce nombre qui, entraînés par des matières excrémentitielles durcies, se cassent et sortent en partie; la portion restante continue de vivre comme par le passé, et prend le nom de *cucurbitains.*

Passons à une maladie tantôt mortelle et tantôt légère, souvent effrayante et toujours méconnue, qui, parfois, remplace celle du jeune âge, attaque surtout les adultes, que nous avons vu régner épizootiquement pendant les chaleurs de l'été de 1822, que le vulgaire confond avec la rage et qui fait tuer les malheureux animaux pour prévenir un danger imaginaire : c'est l'angine ou cynancie aigue. A son début, Il y a tristesse, anxiété, soif, alternativement chaleur et frisson, et rougeur des membranes buccales et nasales; bientôt ces signes précurseurs sont suivis de symptômes plus graves, plus caractéristiques. L'animal refuse tout aliment solide; boirait volontiers, car il se jette avec empressement sur la boisson qu'on lui présente; mais la déglutition étant devenue presque impossible, il lappe deux ou trois gorgées et se détourne tristement, jetant un coup d'œil de regret sur ce qu'il quitte, et un autre sur son maître, par lequel il semble invoquer sa commisération. La gueule est *baveuse et toujours béante ;* elle exhale une odeur cadavéreuse ; la langue est très chargée ; les glandes sous-maxillaires tuméfiées ; le blanc des yeux d'une teinte tirant sur le jaune ; la respiration tant soit peu gênée, sans être accélérée ; la constipation opiniâtre et les urines rares et fortement colorées.

Quand la maladie est parvenue à ce degré d'intensité, le chien cherche les lieux sombres, humides ; cependant il vient à l'appel de son maître ; il change souvent de place et de position ; il ne se trouve bien nulle part ; l'aphonie est complète, et il porte la queue serrée entre les jambes. L'inflammation ne se borne pas toujours au pharynx, souvent elle s'étend à toute l'arrière-bouche et jusque dans le larynx. Dans ce dernier cas, la respiration est sifflante ou ralante selon le degré d'engorgement des parties malades. Ainsi compliquée, elle est dangereuse, souvent mortelle. Les causes n'en sont pas toujours connues, mais on peut présumer que l'excessive fatigue et la soif pendant un temps chaud, le passage dans l'eau après une course de longue haleine, l'humidité du chenil, des restes d'aliments fort épicés, les fatigues et les privations auxquelles, pendant le rut, les chiens se soumettent, l'inspiration d'un air froid ou de gaz méphitiques ou irritants, etc., peuvent y donner lieu.

Les personnes étrangères à l'art de guérir la confondent toujours avec la rage, surtout quand elle se manifeste à une époque où la température de l'atmosphère est très élevée.

Les chiens gras et qui mènent une vie trop sédentaire y sont plus exposés que les autres, notamment à l'approche du second septenaire. L'immersion dans le bain, quand la maladie a fait beaucoup de progrès, ne peut qu'exaspérer le malade; il s'en défend en hurlant; on dirait que, comme dans la rage, la vue de l'eau lui fait horreur.

L'autopsie cadavérique présente l'arrière-bouche fortement enflammée : on y rencontre souvent des principes d'un ou plusieurs abcès dans lesquels la suppuration n'a pu s'établir par la trop violente inflammation et toujours des taches gangréneuses.

Le traitement doit donc tendre à calmer. La saignée, n'importe à quelle veine, répétée jusqu'à l'assouplissement du pouls, est indispensable, tant que l'esquinancie n'est pas passée à l'état de gangrène ; des injections émollientes comme gargarisme, des lavements purgatifs composés de sels cathartiques émétisés, ou de décoctions laxatives, dont il ne faut cependant pas abuser dans la crainte de trop irriter, d'exaspérer même ; les bains tièdes, la propreté et la douceur de la température dans l'habitation, sont des moyens généraux qui hâteront singulièrement la guérison.

La méthode perturbatrice par les vomitifs, suivis des purgatifs, au début de la maladie, est fréquemment couronnée de succès, en ce qu'elle fait avorter l'inflammation en portant l'irritation sur le canal intestinal; mais si le résultat n'est pas tel, les accidents subséquents en sont plus graves et la maladie plus rebelle.

Quoi qu'il en soit, dès qu'on s'apercevra de l'existence de l'inflammation de l'arrière-bouche, on rasera le poil sous la gorge à l'endroit correspondant, sur une étendue de trois à cinq pouces de diamètre, et on y appliquera du savon vert et une petite quantité d'une huile végétale

quelconque, étendus sur un linge.
Les synapismes et les vésicatoires ne
peuvent, sous aucun rapport, remplacer cette embrocation : elle doit
être renouvelée toutes les douze heures, après avoir, au préalable, lavé
la peau chaque fois avec du vinaigre
tiède. Il est bien rare qu'au bout de
vingt-quatre à trente-six heures toute
l'inflammation n'est pas disparue;
du moins, nous ne l'avons jamais vue
résister.

On conçoit, du reste, qu'une diète
sévère doit être observée pendant la
période inflammatoire, et que les
aliments solides ne peuvent être rendus au malade que peu à peu, lorsque tous les accidents ont disparu.

La boisson la plus convenable est
une légère décoction de graine de

lin mêlée avec un tiers de lait : on peut la donner à satiété, mais pour en éviter le dégoût, on en présente souvent de nouvelle et peu à la fois.

N'ayant pas l'intention d'écrire une nosographie de toutes les maladies auxquelles le chien est sujet, nous croyons devoir borner ici cette Notice. Nous avons évité les termes scientifiques autant que possible, parce que nous écrivons pour les gens du monde étrangers à la médecine, et non pour instruire des vétérinaires. Cette tâche est réservée à des professeurs d'écoles célèbres, dont quelques-uns par leur savoir et le grand pas qu'ils ont fait faire à la science, sont l'honneur et la gloire de leur époque.

FIN.

OUVRAGES

COMPOSANT

LA BIBLIOTHÈQUE PORTATIVE.

1° Des Établissemnets industriels et de la Compétence des Autorités administratives.

2° Nouveau Manuel des Chasseurs, avec une Notice sur la Maladie des Chiens.

3° Du Billet à Ordre et de la Lettre de Change.

4° Des Sociétés.

5° Tribunaux de Commerce, compétence et procédure.

6° Des Juges de paix et de la Police rurale.

7° Du Crédit public et des Opérations de la Bourse.

8° Du Contrat de Mariage.

9° Des Formalités hypothécaires.

10° Des Faillites et des Banqueroutes.